நிலக்கரி உருவாக்கம் அனல் மின் நிலையம்

வி.எஸ்.ரோமா

Copyright © V. S. Roma
All Rights Reserved.

ISBN 978-1-63904-210-4

This book has been published with all efforts taken to make the material error-free after the consent of the author. However, the author and the publisher do not assume and hereby disclaim any liability to any party for any loss, damage, or disruption caused by errors or omissions, whether such errors or omissions result from negligence, accident, or any other cause.

While every effort has been made to avoid any mistake or omission, this publication is being sold on the condition and understanding that neither the author nor the publishers or printers would be liable in any manner to any person by reason of any mistake or omission in this publication or for any action taken or omitted to be taken or advice rendered or accepted on the basis of this work. For any defect in printing or binding the publishers will be liable only to replace the defective copy by another copy of this work then available.

பொருளடக்கம்

1. அத்தியாயம் 1 — 1
நான் — 13

1

நெய்வேலியில்உள்ள என்எல்சி **அனல் மின் நிலையம்**தென்னிந்தியாவில் உள்ள பெரிய **அனல் மின் நிலையம்**ஆகும். முன்னாள் பிரதமர் நேரு மூலம் 1956ல் இந்த என்எல்சி கொண்டு வரப்பட்டது

பொதுத்துறை நிறுவனங்கள், இந்தியா

பொதுத்துறை நிறுவனங்கள் (Public sector undertakings in India (PSU) or (Public Sector Enterprise). இந்திய அரசுதனியாகவோ அல்லது மாநில அரசுகளுடன்இணைந்தோ, அல்லது இரண்டிற்கும் மேற்பட்ட மாநில அரசுகள் இணைந்து நடத்தும் தொழில், வணிகம் மற்றும் சேவை நிறுவனங்களை பொதுத்துறை நிறுவனங்கள் என்பர். பொதுத்துறை நிறுவனப் பங்குகளில், இந்திய அரசுஅல்லது மாநில அரசுகளின் பங்கு முதலீடு 51% மேலாக உள்ளது.

பொதுத்துறை நிறுவனங்கள், இந்திய அரசின்பொதுத் துறை நிறுவனங்கள் மற்றும் மாநில அரசுகளின்பொதுத்துறை நிறுவனங்கள் என இரண்டாக வகைப்படுத்துவர்.

இந்திய அரசின் கனரகத் தொழில்கள் மற்றும் பொதுத்துறை நிறுவனங்களின் அமைச்சகத்தின் கீழ் இந்திய அரசின் பொதுத்துறை நிறுவனங்கள் செயல்படுகிறது.

வரலாறு

1947ல் இந்திய விடுதலையின்போது, வேளாண்மையை அதிகம் சார்ந்திருந்தது. மக்கட்தொகை பெருக்கத்தாலும், பெருந்தொழில்கள் வளர்ச்சியின்மையால் இந்தியப் பொருளாதாரம் மிகவும் பின் தங்கியிருந்தது.[2]

நாட்டின் தொழில், வணிகம் மற்றும் உள்கட்டமைப்பு வளர்ச்சிக்காக, 1950ல் இந்திய அரசு திட்டக் குழுவைஅமைத்தது. இந்தியப் பிரதமர்

ஜவகர்லால் நேரு, கலப்பு பொருளாதாரத்தைநடைமுறைப் படுத்த ஐந்தாண்டு திட்டங்களைஅறிவித்தார்.

இரண்டாவது ஐந்தாண்டு திட்டத்தின் போது (1956—60), 1956ல் நாட்டை தொழில்மயப்படுத்தும் தீர்மானத்தின் படி, இந்திய அரசின் சார்பில் பொதுத் துறை நிறுவனங்கள் துவக்கப்பட்டது.

நிலக்கரி அகழ்தல் என்பது, நிலத்தில் இருந்து நிலக்கரியைஅகழ்ந்து எடுப்பது ஆகும். எரியும் போது கூடிய ஆற்றலை வெளிவிடக்கூடிய நிலக்கரி 1880 களில் இருந்து மின்சாரம் உற்பத்தி செய்வதற்காகப் பரவலாகப் பயன்பட்டு வருகிறது. அத்துடன், எஃகு, சீமெந்துபோன்றவற்றின் உற்பத்தியிலும் நிலக்கரி ஒரு முக்கிய எரிபொருளாகப் பயன்படுகின்றது. இதனால் நிலக்கரி அகழ்தல் பல நாடுகளில் ஒரு முக்கியமான தொழில் துறையாக உள்ளது.

Top of Form

Bottom of Form

நெய்வேலியில் இயங்கி வரும் NLC-யின் முதலாவது அனல் மின் நிலையத்தை மூட மத்திய அரசு உத்தரவிட்டுள்ளது.

கடந்த 1956-ஆம் ஆண்டில் கடலூர் மாவட்டம் நெய்வேலியில், நெய்வேலி லிங்கனைட் கார்ப்பரேஷன் லிமிடேட் என்ற நிறுவனம் நிறுவப்பட்டது. இந்த NLC-யில் 5 அனல் மின் நிலைய உற்பத்தி யூனிட்கள் உள்ளன.

இதன் மூலம் மொத்தமாக 4 ஆயிரத்து 240 மெகாவாட் மின்சாரம் உற்பத்தி செய்யப்படுகிறது.

இதேபோல், 51 காற்றாலைகள் மூலம் 1.50 மெகாவாட் மின்சாரமும், சோலார் மூலம் 140 மெகாவாட் மின்சாரமும் உற்பத்தி செய்யப்படுகிறது. இந்நிலையில், முதலாவது அனல் மின் நிலையத்தை மட்டும் மூட மத்திய அரசு உத்தரவு பிறப்பித்துள்ளது.

ஆயுட்காலம் முடிந்து 4 ஆண்டுகளாக இயங்கி வருவதால், அதனை 2022-ஆம் ஆண்டுக்குள் படிப்படியாக மூட மத்திய அரசு முடிவெடுத்துள்ளது. ஒரு அனல் மின் நிலையத்தின் ஆயுட்காலம் 45 ஆண்டுகாலம் ஆகும்.

அதிகளவில் மாசு ஏற்படுவதாகவும், கழிவுகள் அதிகம் உருவாகுவதாகவும் புகார் எழுந்ததை அடுத்து, அனல் மின் நிலையத்தை மூட உத்தரவிடப்பட்டுள்ளது. இந்த அனல்மின் நிலையம் மூடப்படுவதால்,

மொத்த உற்பத்தி குறையும் என்பது குறிப்பிடத்தக்கது,

இந்தியாவின் மிகப் பெரிய சுரங்கம்!

நெய்வேலி அனல் மின் நிலையம்

இந்தியாவிலேயே மிகப் பெரிய, திறந்தவெளியில் அமைந்துள்ள நிலக்கரிச் சுரங்கம் இதுதான். பழுப்புநிலக்கரியைக் கொண்டு இங்கு மின்சாரம் தயாரிக்கப்படுகிறது. கடந்த 40 ஆண்டுகளாக இங்கு பழுப்புநிலக்கரியைப் பயன்படுத்தி மின்சாரம் தயாரிக்கப்பட்டு வருகிறது. தமிழகத்திற்கு மட்டுமல்லாது தென் மாநிலங்கள்அனைத்திற்கும் தேவையான மின் தேவையைப் பூர்த்தி செய்து வருகிறது நெய்வேலி அனல் மின் நிலையம்.

நெய்வேலி மற்றும் அதன் சுற்றுப் பகுதியில் பழுப்பு நிலக்கரி அபரிமிதமான அளவில் கிடைக்கிறது.இதைப்பயன்படுத்தி இன்னும் பல வருடங்களுக்கு மின் உற்பத்தி செய்ய முடியும் என்கிறது ஒரு ஆய்வு.

நெய்வேலியில் 1934ம் ஆண்டுதான் பழுப்பு நிலக்கரி இருப்பது கண்டுபிடிக்கப்பட்டது என்றாலும் கூட, அதற்குமுன்பே, அதாவது, 1828ம் ஆண்டே பழுப்பு நிலக்கரி தொடர்பான ஆய்வுகள் தொடங்கி விட்டன.

1828ல் நெய்வேலி அருகே நிலக்கரி வகையைச் சேர்ந்த பீட் என்ற நிலக்கரி படிவம் இருப்பதாக அப்போதையசென்னை மாகாண அரசுக்கு, தஞ்சாவூர் (நெய்வேலி அப்போது தஞ்சாவூர் மாவட்டத்தில் இருந்தது) கலெக்டர்நெல்சன் தெரிவித்தார்.

இதைத் தொடர்ந்து, 1830-ம் ஆண்டு அப்போது சென்னை மாகாணத்தில் இருந்த கண்ணூர், கொல்லம், வைக்கம்ஆகிய பகுதிகளில் பழுப்பு நிலக்கரி படிவங்கள் இருந்ததை ஆங்கிலேய ஜெனரல் கல்லன் கண்டுபிடித்தார்.

இதையடுத்து வேறு எங்காவது பழுப்பு நிலக்கரி இருக்கிறதா என்பதை அறிவதற்காக முழுமையான ஆய்வுக்குஉத்தரவிடப்பட்டது. முதல் கட்டமாக பாண்டிச்சேரியைச் சுற்றிலும் உள்ள பகுதிகளை ஆராய இந்திய புவியியல்ஆய்வுக் கழகத்தின் டபிள்யூ. கிங் உத்தரவிட்டார்.

இந்த ஆய்வின் பயனாக, பிரெஞ்சு அரசின் கட்டுப்பாட்டில் இருந்த பாஹூர் பகுதியில் பழுப்பு நிலக்கரிஇருப்பதாக பிரெஞ்சு பொறியாளர் போய்லாய் தெரிவித்தார். இதே வகையிலான நிலக்கரிப் படிவங்கள்,உத்தரமாணிக்கம், அரங்கனூர், கன்னியார்கோவில், கடலூர் ஆகிய பகுதிகளிலும் இருப்பதாக தெரிய வந்தது. இது1884-ல் நடந்த ஆய்வில்

தெரிய வந்தது.

1934-ம் ஆண்டு நெய்வேலி அருகே பழுப்பு நிலக்கரியைத் தோண்டியெடுக்கும் முயற்சி தொடங்கியது. முதல்முறையாக தோண்டப்பட்டபோது, கருப்பு நிறத்தில் களிமண் போல கிடைத்தது பழுப்பு நிலக்கரி. ஏராளமானதொழிலாளர்கள் இந்தப் பணியில் ஈடுபடுத்தப்பட்டனர்.

1935-ம் ஆண்டு நெய்வேலியில் உள்ள ஜம்புலிங்க முதலியார் என்பவருடைய வீட்டிலுள்ள பெரிய கிணற்றில், போர் போட்டபோது, கருப்பு நிறத்திலான பொருட்கள் நிறைய வந்தன. இது, நிலக்கரியைத் தோண்டும் பணியில்இருந்த பொறியாளர்களின் கவனத்தை ஈர்த்தது.

அதற்குப் இரண்டு ஆண்டுகளுக்குப் பிறகு, கிணற்றில் கிடைத்த பொருட்கள் சென்னைக்கு ஆய்வுக்குஅனுப்பப்பட்டது. அது பழுப்பு நிலக்கரிதான் என்பது ஆய்வில் உறுதியானது.

பிறகு, 1941-ம் ஆண்டு சென்னையைச் சேர்ந்த பின்னி நிறுவனம், நெய்வேலி அருகே ஆசிஸ் நிகர் பகுதியில் ஐந்துபெரும் கிணறுகளைத் தோண்டியது. அதில் இரண்டு கிணறுகளில் பழுப்பு நிலக்கரி இருப்பது தெரிய வந்தது.ஆனால் தொடர்ந்து தோண்டுவதற்கு போதிய கருவிகள் இல்லாததால், அந்த முயற்சி கைவிடப்பட்டது.

1943ம் ஆண்டு முதல் 1946-ம் ஆண்டு வரை இந்திய புவியியல் ஆய்வு நிறுவனம், நெய்வேலி மற்றும் அதன்சுற்றுப் பகுதிகளில் முழுவீச்சில் நிலக்கரியைத் தோண்டும் பணியைத் துவக்கியது. இந்த பணியின் போதுஅப்பகுதியில் 500 டன் அளவிற்கு பழுப்பு நிலக்கரி புதைந்து கிடப்பது தெரிய வந்தது.

இதையடுத்து நெய்வேலியில் பழுப்பு நிலக்கரி இருப்பை முழுமையாக வெளிக் கொண்டு வர அப்போதையஇந்திய அரசு முடிவு செய்தது. இது தொடர்பான பணிகளைக் கவனிக்க இந்திய அரசு எச்.கே.கோஸ் என்பவரைநியமித்தது. கோஸ் தனது பணிகளைத் துவக்கினார்.

1948ம் ஆண்டு தோண்டப்பட்ட சுரங்கத்தில் நீர் சேர்ந்து கொண்டதால் அது அப்படியே விடப்பட்டது. மூன்றாவதுதோண்டப்பட்டதில் பழுப்பு நிலக்கரி தென்பட்டது. இந்தக் கிணற்றுக்கு "செப்டம்பர்-1951" என்று பெயர்.

1949ம் ஆண்டு சுரங்கம் தோண்டும் பணிக்கான டெண்டர்களை அறிவித்தார் கோஸ்.

1951ம் ஆண்டு மொத்தம் 175 ஆழ்துளைக் கிணறுகள் தோண்டப்பட்டன. அப்போதுதான் நெய்வேலியில்மறைந்து கிடந்த பழுப்பு நிலக்கரியின் உண்மையான அளவு தெரிய வந்தது. அப்பகுதியில் 2000 மில்லியன் டன்அளவிற்கு பழுப்பு நிலக்கரி புதைந்து கிடப்பது தெரிய வந்தது.

மாநில அரசும் தனது பங்கிற்கு விருத்தாச்சலம் அருகே 150 கிணறுகளைத் தோண்டியது. சென்னை மாகாணஅரசுக்கு உதவுவதற்காக அமெரிக்க அரசின் சுரங்கத்துறை பொறியாளர் பால் எரிச் அனுப்பப்பட்டார். அவரதுபரிந்துரையின் பேரில் நெய்வேலி பழுப்பு நிலக்கரி குறித்து ஆய்வு செய்ய அமெரிக்க அரசு ஒத்துக் கொண்டது.

1952-ம் ஆண்டு உயர் மட்டக் குழு ஒன்று குவாரிகளை அமைப்பது தொடர்பான திட்ட அறிக்கையை இந்தியஅரசிடம் சமர்ப்பித்தது.

1953ம் ஆண்டு சென்னை மாகாண அரசின் தொழில்துறை அமைச்சர் டாக்டர் கிருஷ்ணராவ் தலைமையில் குவாரிதோண்டும் திட்டம் தொடங்கியது.

1954ம் ஆண்டு பிரதமர் ஜவஹர்லால் நேரு சுரங்கம் தோண்டும் பணிகளைப் பார்வையிட்டார். இந்திய அரசின்சி.வி. நரசிம்மன், ஏ.சி.குஹா, லாஹிரி ஆகியோர் அடங்கிய குழுவினர் சுரங்கம் தோண்டும் பணிகளைப்பார்வையிட்டனர்.

அனல் மின் நிலையம் (Thermal Power Plant) என்பது மின்சாரம் உற்பத்தி செய்யும் மின்நிலையங்களில் ஒன்றாகும். இவ்வகை மின் நிலையங்களில் நீராவி உருளைகள் சுழற்றப்படும்போது கிடைக்கும் இயந்திர ஆற்றலைக் கொண்டு மின்சாரம் உற்பத்தி செய்யப்படுகிறது.பொதுவாக வெப்ப ஆற்றலை வெளிப்படுத்தக்கூடிய பொருட்களை எரித்து, அதனின்று வெளிப்படும் வெப்பத்தினால் நீராவிஉற்பத்தி செய்து, அதனால் நீராவிச்சுழலியைஇயக்கி, அதனுடன் இணைக்கப்பட்டுள்ள ஜெனரேட்டரிலிருந்து மின் சக்தியை உற்பத்தி செய்வது அனல்மின் நிலையம் ஆகும்.

இந்த முறையிலான மின்னுற்பத்திக்கு நீர், நிலக்கரிஆகியவை முக்கிய தேவைகள் என்பதால், இவை அதிகமாக அல்லது எளிதாகக் கிடைக்கக் கூடிய இடங்களில், அனல் மின் நிலையங்கள் நிறுவப்படுகின்றன. பொதுவாக அனல் மின் நிலையங்கள் நிலக்கரியை எரிபொருளாக உபயோகித்தாலும், இயற்கை எரிவாயு மற்றும் எண்ணெய் ஆகியவற்றை எரிபொருளாகக் கொண்ட பல அனல் மின் நிலையங்களும்

அமைக்கப்பட்டுள்ளன.

மேட்டூர்அனல் மின் நிலையம்....சேலம் மாவட்டத்தில் அமைந்துள்ளது. இதுவே.......தமிழ்நாடு மின்வாரியத்தின்முதல்நாட்டின் உட்பகுதியில் நிறுவப்பட்டஅனல்மின்நிலையமாகும்.

அனல் மின் நிலையங்கள்

- மேட்டூர் அனல் மின்நிலையம்
- தூத்துக்குடி அனல் மின்நிலையம் (தூத்துக்குடி மாவட்டம்)
- எண்ணூர் அனல் மின்நிலையம்
- நெய்வேலி அனல் மின்நிலையம்

நீர் மின் நிலையங்கள்

- குந்தா நீர் மின்நிலையம்
- காடம்பாறை நீர்மின்நிலையம்
- மேட்டூர் நீர் மின் நிலையம்
- பெரியாறு நீர் மின்னுற்பத்தி நிலையம் (தேனி மாவட்டம்)
- சுருளியாறு நீர் மின்னுற்பத்தி நிலையம் (தேனி மாவட்டம்)
- வைகை நீர் மின்னுற்பத்தி நிலையம் (தேனி மாவட்டம்)

கதவணை மின் நிலையங்கள்

- குதிரைக்கல் மேடு கதவணை நீர் மின் நிலையம்

ஊராட்சிக்கோட்டை கதவணை நீர்மின் நிலையம்
காற்றாலை மின்னுற்பத்தி

- கயத்தாறு காற்றாலை மின்னுற்பத்தி (திருநெல்வேலி மாவட்டம்)
- ஆரல்வாய்மொழி காற்றாலை மின்னுற்பத்தி (கன்னியாகுமரி மாவட்டம்)
- தேனி மாவட்டக் காற்றாலை மின்னுற்பத்தி (தேனி மாவட்டம்)
- பாலக்காட்டுக் கணவாய்ப் பகுதியில் உள்ள காற்றாலை மின்னுற்பத்தி நிலையங்கள்

அணு மின் நிலையங்கள்

- கல்பாக்கம் அணு மின் நிலையம்
- கூடங்குளம் அணு மின் நிலையம்

சூரிய ஒளி மின்நிலையங்கள்

- சிவகங்கையில் உள்ள ஒரு மெகாவாட் சூரிய ஒளி மின் உற்பத்தி நிலையம்.

அனல் மின் நிலையம்

அனல் மின் நிலையம் Thermal Power Plant என்பது மின்சாரம் உற்பத்தி செய்யும் மின்நிலையங்களில் ஒன்றாகும். இவ்வகை மின் நிலையங்களில் நீராவி உருளைகள் சுழற்றப்படும்போது கிடைக்கும் இயந்திர ஆற்றலைக் கொண்டு மின்சாரம் உற்பத்தி செய்யப்படுகிறது. பொதுவாக வெப்ப ஆற்றலை வெளிப்படுத்தக்கூடிய பொருட்களை எரித்து, அதனின்று வெளிப்படும் வெப்பத்தினால் நீராவிஉற்பத்தி செய்து, அதனால் நீராவிச்சுழலியைஇயக்கி, அதனுடன் இணைக்கப்பட்டுள்ள ஜெனரேட்டரிலிருந்து மின் சக்தியை உற்பத்தி செய்வது அனல்மின் நிலையம் ஆகும்.

பொதுவாக அனல் மின் நிலையங்கள் நிலக்கரியை எரிபொருளாக உபயோகித்தாலும், இயற்கை எரிவாயு மற்றும் எண்ணெய் ஆகியவற்றை எரிபொருளாகக் கொண்ட பல அனல் மின் நிலையங்களும் அமைக்கப்பட்டுள்ளன.

- நிலக்கரி உருவாக்கம்
- நிலக்கரி வகைகள்
- நிலக்கரியின் பாதகமான விளைவுகள்
-

பெரும்பாலான நிலக்கரி மரங்கள் மற்றும் பிற தாவரங்களின் எச்சங்களிலிருந்து சுமார் 300 மில்லியன் ஆண்டுகளுக்கு முன்பு உருவானது. இந்த எச்சங்கள் சதுப்பு நிலங்களின் அடிப்பகுதியில் சிக்கி, அடுக்குக்குப் பிறகு அடுக்கைக் குவித்து, கரி என்று அழைக்கப்படும் அடர்த்தியான பொருளை உருவாக்குகின்றன. இந்த கரி மேலும் மேலும் நிலத்தடியில் புதைக்கப்பட்டதால், அதிக வெப்பநிலை மற்றும் அழுத்தம் அதை நிலக்கரியாக மாற்றியது.

நிலக்கரி உருவாக்கம்

உலகளவில் மின்சாரம் தயாரிப்பதற்கான நிலக்கரி இன்னும் மிகப்பெரிய ஆற்றல் மூலமாக உள்ளது, இருப்பினும் இது காலநிலை மீதான அதன் தாக்கத்தால் உலகின் பல பகுதிகளிலும் படிப்படியாக வெளியேற்றப்படுகிறது. ஆனால் நிலக்கரியின் தோற்றத்தை நாம் புரிந்து கொள்ள விரும்பினால், நாம் இன்னும் திரும்பிப் பார்க்க வேண்டும் - கார்போனிஃபெரஸ் என்று அழைக்கப்படும் ஒரு காலத்திற்கு.

கார்போனிஃபெரஸ் (நிலக்கரியின் லத்தீன் பெயருக்குப் பிறகு) சுமார் 360 முதல் 300 மில்லியன் ஆண்டுகளுக்கு முன்பு நடந்தது. ஆம்பிபீயர்கள் ஆதிக்கம் செலுத்திய நில முதுகெலும்புகள் மற்றும் பெரிய மரங்களின் பரந்த பகுதிகள் ஒற்றை மெகா கண்டமான பாங்கேயாவை உள்ளடக்கியது. ஆக்ஸிஜனின் வளிமண்டல உள்ளடக்கம் வரலாற்றில் மிக உயர்ந்த மட்டத்தில் இருந்தது: 35%, இன்று 21% உடன் ஒப்பிடும்போது; பாரிய நிலக்கரி படுக்கைகள் உருவாக அனைத்து நிலைகளும் பழுத்திருந்தன.

கார்போனிஃபெரஸுக்கு முன் நிலக்கரி ஒருபோதும் உருவாகவில்லை, அதன் பின்னர் மிகவும் அரிதாகவே உருவானது. இந்த நிகழ்வுக்கு இரண்டு நிபந்தனைகள் முக்கியமானவை என்று கருதப்படுகின்றன:

- **மரப்பட்டைகளின் மர மரங்களின்**தோற்றம்; இந்த காலகட்டத்தில் ஒரு பெரிய அளவிலான மரம் புதைக்கப்பட்டது, ஏனெனில் காளான்கள் மற்றும் நுண்ணுயிரிகள் மரங்களை எவ்வாறு சிதைப்பது என்று இதுவரை கண்டுபிடிக்கவில்லை. அவை செய்தபின், நிலக்கரி அமைப்புகள் மிகவும் அரிதாகிவிட்டன.

- குறைந்த கடல் மட்டங்கள்; கடல் மட்டத்தின் குறைவு இன்று வட அமெரிக்கா மற்றும் ஐரோப்பாவில் பல சதுப்பு நிலங்களை உருவாக்கியது. இந்த சதுப்பு நிலங்கள் நிலக்கரி உருவாவதற்கு மிக முக்கியமானவை.

முன்பு குறிப்பிட்டபடி, இந்த மரங்கள் எதையும் சிதைக்கவில்லை, அவை பாதுகாக்கப்பட்டன. காலப்போக்கில், அவை அடக்கம் செய்யப்பட்டன. அவை ஆழமாகவும் ஆழமாகவும் செல்லும்போது, வெப்பநிலையும் அழுத்தமும் கட்டமைக்கத் தொடங்கி நிலக்கரியை மாற்றத் தொடங்கின.

நிலக்கரி வகைகள்

வெப்பநிலை மற்றும் அழுத்தத்தின் கீழ் எதையாவது மாற்றுவதற்கான புவியியல் செயல்முறை உருமாற்றம் என்று அழைக்கப்படுகிறது. நிலக்கரி பொதுவாக உருமாற்றத்தின் தரத்தின் அடிப்படையில் வகைகளாக வகைப்படுத்தப்படுகிறது - உருமாற்றத்தின் உயர் தரம், அவற்றில் அதிக ஆற்றல் உள்ளது:

- கரிபொதுவாக நிலக்கரியின் முன்னோடியாகக் கருதப்படுகிறது, ஆனால் இது சில பகுதிகளில் எரிபொருளாகப் பயன்படுத்தப்படுகிறது - குறிப்பாக அயர்லாந்து மற்றும் பின்லாந்தில். அதன் நீரிழப்பு வடிவத்தில், எண்ணெய் கசிவுகளை ஊறவைக்க இது உதவும்.
- **லிக்னைட்**மிகக் குறைந்த தரம் மற்றும் உருவாக்கப்பட்ட முதல்.
- **துணை பிட்மினஸ் நிலக்கரி**பெரும்பாலும் நீராவி-மின்சார மின் உற்பத்திக்கு எரிபொருளாகப் பயன்படுத்தப்படுகிறது.
- **பிட்மினஸ் நிலக்கரி**ஒரு அடர்த்தியான வண்டல் பாறை, பொதுவாக உயர்தரமானது.
- " **நீராவி நிலக்கரி**" என்பது பிட்மினஸ் மற்றும் ஆந்த்ராசைட் இடையே ஒரு மாறுதல் வகை.
- **ஆந்த்ராசைட்**என்பது நிலக்கரியின் மிக உயர்ந்த தரமாகும். இது ஒரு கடினமான, பளபளப்பான பாறை மற்றும் அதன் பண்புகளுக்கு மிகவும் மதிப்பு வாய்ந்தது.

- கிராஃபைட்பொதுவாக ஒரு வகை நிலக்கரியாக கருதப்படுவதில்லை, ஏனெனில் அதை வெப்பமாக்கபயன்படுத்த முடியாது. இது பெரும்பாலும் பென்சில்களில் அல்லது மசகு எண்ணெய்(தூள் போது) பயன்படுத்தப்படுகிறது.

நிலக்கரியை அதன் இயற்கையான வடிவத்தில் பயன்படுத்தலாம், அல்லது அது வாயுவாக்கப்பட்ட, திரவமாக்கப்பட்ட அல்லது சுத்திகரிக்கப்படலாம். இருப்பினும், நிலக்கரி வகை அல்லது நீங்கள் அதை எவ்வாறு பயன்படுத்துகிறீர்கள் என்பது முக்கியமல்ல, நிலக்கரி என்பது புதுப்பிக்க முடியாத வளமாகும். யதார்த்தமான வகையில், நாம் பயன்படுத்தும் வளங்களை மறுதொடக்கம் செய்ய எந்த நிலக்கரியும் உருவாக்கப்படவில்லை.

நிலக்கரியின் பாதகமான விளைவுகள்

புவி வெப்பமடைதலுக்கு நிலக்கரி முக்கிய பங்களிப்புகளில் ஒன்றாகும், மேலும் நிலக்கரி சுரங்கமும் மின் நிலையங்களுக்கு எரிபொருளும் பெரும் சுற்றுச்சூழல் சேதத்தை ஏற்படுத்துகின்றன.

வரலாற்று ரீதியாக, நிலக்கரி சுரங்கம் மிகவும் ஆபத்தானது. நிலக்கரி சுரங்க விபத்துக்களின் பட்டியல் நீண்டது, இன்றும் கூட விபத்துக்கள் வியக்கத்தக்க வகையில் பொதுவானவை. பல சுரங்கத் தொழிலாளர்கள் நிலக்கரித் தொழிலாளியின் நிமோகோனியோசிஸால் பாதிக்கப்படுகின்றனர், இது "கருப்பு நுரையீரல்" என்று அழைக்கப்படுகிறது. ஆனால் நிலக்கரியின் முக்கிய பிரச்சினை அதன் உமிழ்வு ஆகும்.

2008 ஆம் ஆண்டில் உலக சுகாதார அமைப்பு (WHO) கணக்கிட்டது, நிலக்கரி மாசுபாடு மட்டுமே உலகம் முழுவதும் ஆண்டுக்கு ஒரு மில்லியன் இறப்புகளுக்கு காரணம்; மற்ற அமைப்புகளும் இதே போன்ற புள்ளிவிவரங்களைக் கொண்டு வந்துள்ளன. 2004 ஆம் ஆண்டில் வெளியிடப்பட்ட ஒரு அமெரிக்க அறிக்கையின்படி, நிலக்கரி எரி மின் உற்பத்தி நிலையங்கள் ஒவ்வொரு ஆண்டும் அமெரிக்காவில் கிட்டத்தட்ட 24,000 உயிர்களைக் குறைக்கின்றன (நுரையீரல் புற்றுநோயிலிருந்து 2,800). சீனாவில், பல முக்கிய சீன நகரங்களில் புகைமூட்டம் ஒரு பொதுவான நிகழ்வாக இருப்பதால் நிலைமை இன்னும் மோசமானது.

எரியும் நிலக்கரி அதிக அளவு கார்பன் டை ஆக்சைடை காற்றில் வெளியிடுகிறது, மேலும் மீத்தேன் - அதிக சக்தி வாய்ந்த கிரீன்ஹவுஸ் வாயுவையும் வெளியிடுகிறது. மனித செயல்பாட்டின் மூலம் உருவாக்கப்பட்ட கிரீன்ஹவுஸ் வாயு வெளியேற்றத்தில் மீத்தேன் 10.5% ஆகும். தொழில்துறை புரட்சி நடக்க நிலக்கரி அனுமதித்திருக்கலாம், ஆனால் நாம் ஒரு நிலையான எதிர்காலத்தை உருவாக்க விரும்பினால், நிலக்கரியை வெளியேற்றி, அதற்கு பதிலாக மற்ற எரிசக்தி ஆதாரங்களை செயல்படுத்த வேண்டும்.

மேட்டூர்...அனல் மின் நிலையம்..........சேலம் மாவட்டத்தில் அமைந்துள்ளது. இதுவே...தமிழ்நாடு மின்வாரியத்தின்முதல்நாட்டின் உட்பகுதியில் நிறுவப்பட்டஅனல்மின்நிலையமாகும்.

நான்

வாசகர்ளால் நான்
வாசகர்களுக்காக நான்

முற்போக்கு எழுத்தாளர் வி.எஸ்.ரோமா - கோயம்புத்தூர்
+91 82480 94200
20 புத்தகங்கள் எழுதியுள்ளேன்
விருதுகள் பல பெற்றுள்ளேன்.
கதை , கவிதை, கட்டுரை, நாவல் பொன்மொழி, நாடகம் எழுதுவேன்.

என்
எழுத்து
என் மூச்சுள்ள வரை
என் வாசிப்பே

என் சுவாசிப்பு
என்றும்
எழுதிக் கொண்டிருக்க வே
என் ஆசை

நான் திருமணமே செய்து கொள்ளாத பெண்மணி என்பதில் எனக்கு மகிழ்வே.

என் எழுத்துக்கு முழு ஒத்துழைப்பு கொடுப்பவர்கள் என் பெற்றோர்களே.

தந்தை
கா சுப்ரமணியன் _ தாசில்தார் - ஓய்வு

தாய்.
சு. கிருஷ்ணவேணி

என் பெற்றோர்களே
என்
எழுத்துக்கும்
எனக்கும் முழு ஒத்துழைப்பு தருகின்றவர்கள் என்பதில் எனக்கு மகிழ்ச்சியே.

நான் ரோமா ரேடியோ
என்ற பெயரில் எஃப் எம் ஆரம்பித்துள்ளேன்.

என்
எழுத்து
என் ரோமா வானொலி மூலம்
எங்கும் ஒலிக்க
எட்டு திக்கும் ஒலிக்க
என் ஆவல்.

பெண்களை
பெரிதாக நினைத்துப்
பெரும் மகிழ்ச்சியடைந்து
பெருமைப் படுத்த வேண்டும்.

முற்போக்கு எழுத்தாளர்
வி.எஸ். ரோமா
Roma Radio
கோயம்புத்தூர்
+91 82480 94200

www.ingramcontent.com/pod-product-compliance
Lightning Source LLC
Chambersburg PA
CBHW021002180526
45163CB00006B/2467